FRIEDRICH BITTER • MOOS-FIBEL

Friedrich Bitter

Moos-Fibel

Dekoratives Grün im Aquarium

Dähne Verlag

Fotonachweis:
Sharman Chou: 78/79 (5), 80/81 (2), 88 (1);
Harald Schneider 74/75 (1), 75/76 (1), 80/81 (4), 89 (1);
Harro Hieronimus 82 (1), 83 (1), 84 (2), 88 (1), 89 (1).
Alle übrigen Fotos sind vom Verfasser.

Bibliografische Information der Deutschen Bibliothek

Die Deutsche Bibliothek verzeichnet diese Publikation in der Deutschen Nationalbibliografie; detaillierte bibliografische Daten sind im Internet über http://dnb.ddb.de abrufbar.

Friedrich Bitter
Moos-Fibel

ISBN 978-3-935175-50-0

Lektorat: Ulrike Wesollek-Rottmann
Herstellung: Daniela Gröbel, Ulrike Stauch
Druck: Himmer, Augsburg
Printed in Germany

Inhalt

Einleitung 6
Was ist Moos? 8
Moose in der Natur 11
Lebermoose – Hepaticophytina 19
Monosolenium tenerum 20
Marchantia polymorpha 22
Riccia fluitans 24
Riccardia chamaedryfolia 26
Pellia endiviifolia 28
Laubmoose – Bryophytina 30
Fontinalis antipyretica 32
Fissidens fontanus 34
Fissidens rivularis 36
Fissidens nobilis 38
Vesicularia dubyana 40
Vesicularia montagnei 42
Vesicularia cf. *ferriei* 44
Vesicularia reticulata 46
Taxiphyllum barbieri 48
Taxiphyllum sp. „Peacock" 50
Taxiphyllum sp. „Spiky" 52
Taxiphyllum cf. *alternans* 54
Taxiphyllum sp. „Flame moss" 56
Leptodictyum riparium 58
Drepanocladus aduncus 60
Echte Farne – Polypodiopsida 62
Lomariopsis lineata 62
Das Aufbinden von Moosen 64
Moose in Pflanzenaquarien 72
Pflege von Moosen im Aquarium 82
Algen 90
Glossar 93

Einleitung

Wenn man wie ich viel unterwegs ist und trotzdem auch Aquarien besitzen möchte, deren Einrichtung einigermaßen attraktiv aussieht, dann kommt man früher oder später auf die Moose. Hier gibt es viele Arten, die sich hervorragend für eine Pflege unter Wasser eignen.

Mit dieser Fibel erhalten Sie einen kleinen Überblick über die derzeit am häufigsten gehaltenen Arten und Formen und die Grundvoraussetzungen zur erfolgreichen Kultur. Sicher dürfte der gesamte Bestand im Hobby noch einige Arten mehr umfassen, doch verschönern die oft unbestimmt oder unerkannt die Aquarien.

Während der letzten Jahre habe ich auch immer wieder von diversen Sammelreisen ein paar Moosstämmchen mitgebracht, darunter aus China, Gabun, Japan und den USA. Bei den vielen weltweit vorkommenden Moosarten kann man fest damit rechnen, die eine oder andere neue, aquaristisch geeignete Form zu finden.

Bedanken möchte ich mich bei Prof. Dr. Jan-Peter Frahm für die Bestimmung zahlreicher mitgebrachter Arten, bei Mirko Ritter, der meine Begeisterung für die Moose teilt und jedes Pflänzchen zum Moospolster aufpäppelt. Schließlich gilt der Dank auch noch meiner Familie, die auf Sohn, Ehemann und Vater häufig verzichten muss, wenn er mal wieder auf „Expedition" ist.

Geeste, im Frühjahr 2009
Friedrich Bitter

Wasserfälle, hier die Turnes Falls (Oklahoma, USA), besitzen im Spritzwasserbereich oft dichte Moosbestände.

Was ist Moos?

Moose sind eine Pflanzengruppe, die wissenschaftlich Bryophyta genannt wird. Sie ist stammesgeschichtlich sehr alt, älter als unsere Blütenpflanzen, was sich auch durch Fossilfunde dokumentieren lässt. Man geht heute davon aus, dass sich die ursprünglichen Moose vor etwa 400 bis 450 Millionen Jahren im Übergangsbereich vom Meer zum Land aus Grünalgen entwickelt haben.

So unterschiedlich die ungefähr 16.000 bekannten Moosarten auch sind, haben sie doch einige Gemeinsamkeiten. Sie bilden weder Blüten noch Samen aus, können aber trotzdem attraktiv aussehen. Was wir allgemein als Moos bezeichnen, also die Pflanzen mit mehr oder minder grüner Blattstruktur nennt der Fachmann Gametophyt. Streng genommen bildet der im Lebenskreislauf der Moose lediglich die geschlechtliche Generation.

In Abhängigkeit von Art, Standort und Nährstoffversorgung ist der Gametophyt satt grün bis grünbraun oder gelbgrün. Er besitzt die Farbstoffe Chlorophyll a und b, kann also mit diesen Photosyntheseelementen Kohlenstoffdioxid und Wasser im Zusammenspiel mit Lichtenergie in Traubenzucker und Sauerstoff umwandeln. Seine Festigkeit erlangt er durch Zellwände aus Zellulose, denen aber das Lignin fehlt, wodurch die Stämmchen nicht verholzen. Außerdem wird Stärke in die Zellen eingelagert.

Die Wissenschaft unterteilte früher die Moose in drei Sippen. Während die Hornmoose aquaristisch nicht relevant sind, werden wir uns mit einigen Lebermoosen und Laubmoosen näher beschäftigen. Zwischen Laub- und Lebermoosen gibt es äußerlich mehr oder weniger deutlich sichtbare Unterschiede. Dem flüchtigen Betrachter dürfte zunächst auffallen, dass die Lebermoose nicht deutlich in Stämmchen und Blätter aufgeteilt sind. Zwar besitzen einige drei Zeilen

Befruchtung

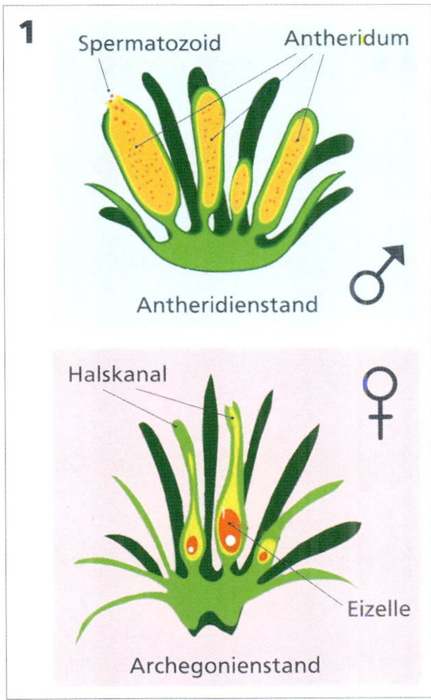

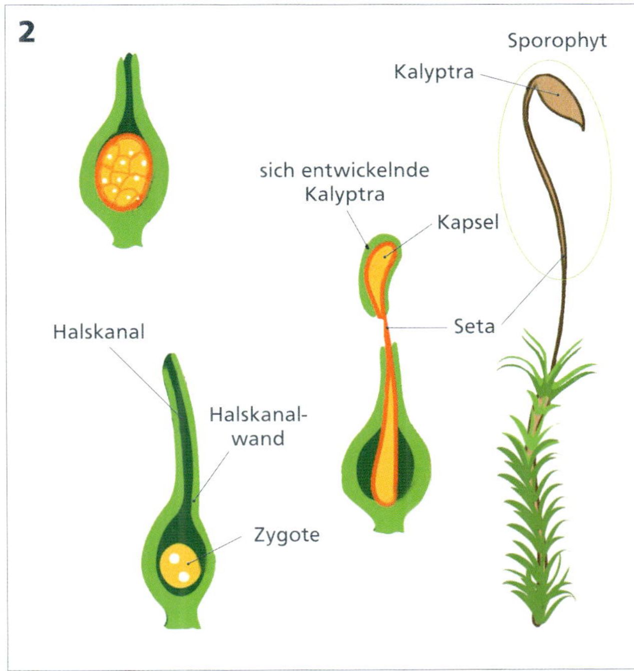

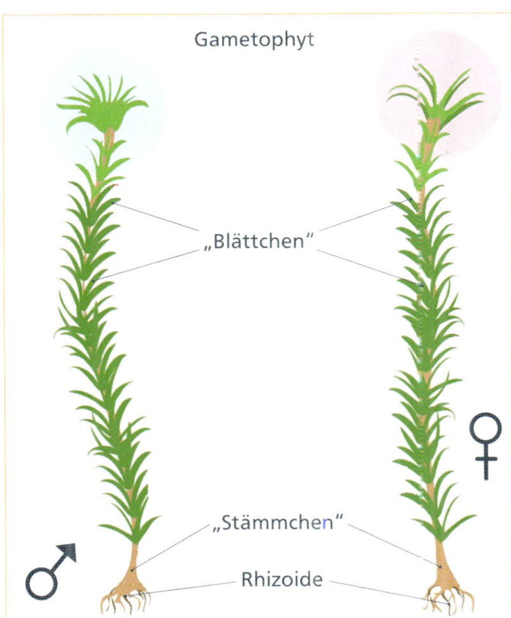

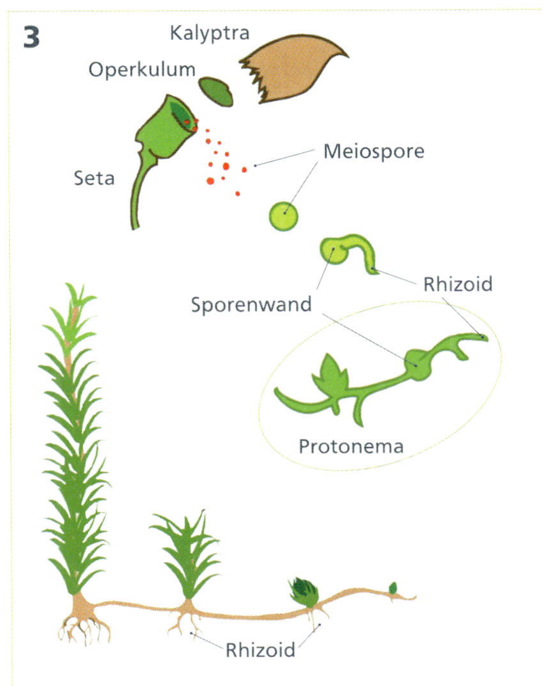

Ursprüngliche Grafik aus Wikipedia.de

von Blättern, meist ist der Gametophyt aber undeutlich strukturiert. Außerdem sind die wurzelähnlichen Rhizoide beim Lebermoos einzellig. Besonders aquatische Lebermoose haben außerdem noch Ölkörper eingelagert, den Blättern fehlt hingegen die Rippe.

Im Gegensatz dazu besitzen die Blätter der Laubmoose eine Mittelrippe, Ölkörper kommen allerdings nie vor. Die Gametophyten sind stets in Stämmchen und Blättchen geteilt. Die Rhizoide erinnern häufig an Wurzeln, manchmal sind sie aber kaum vorhanden. Ihr Aufbau ist mehrzellig und verzweigt.

Alle Moose können durch Sprossung des haploiden Gametophyten wachsen und sich so vermehren. Es gibt allerdings auch eine geschlechtliche Vermehrung, die für die Aquaristik weniger von Bedeutung ist und deshalb nur durch eine vereinfachte Schautafel dargestellt werden soll (s. S. 9).

Moose in der Natur

Wer mit offenen Augen im Freien unterwegs ist, wird schnell erkennen, wie häufig Moose in der Umgebung vorkommen. Man findet sie auf Dächern, zwischen Gras, im Wald, an der Bahntrasse, an Mauern, praktisch überall dort, wo ausreichend Feuchtigkeit und ein Minimum an Nährstoffen vorhanden sind.

Moose sind auch typische Pionierpflanzen, die neu entstandene Biotope besiedeln, beispielsweise

Biotop in Missouri, USA; im Flachwassser fanden wir *Fissides fontanus*.

frische Abbruchkanten im Uferbereich oder auch abgeerntete Äcker.

Eine besondere Rolle kommt den Torfmoosen zu. Sie haben eine ganze Landschaft geprägt, denn sie sind verantwortlich für das Entstehen von Mooren, wie wir sie zum Beispiel in der Norddeutschen Tiefebene kennen. Weiß- und Schwarztorf setzt sich überwiegend aus Moosen und zum geringeren Teil aus mit ihnen gemeinsam vorkommenden Pflanzen zusammen.

Leider sind die Torfmoose für eine permanente Kultur unter Wasser nicht geeignet, auch säuern sie ihre Umgebung stark an. Trotzdem können in einem Moor auch andere Laubmoosarten entdeckt werden, die zum Beispiel entlang von Abzugsgräben oder in überschwemmten Senken ihr Dasein finden. Manche von ihnen sind im Aquarium dauerhaft haltbar, wie einige Arten der Gattung *Drepanocladus*.

Während der letzten Jahre habe ich mich zusammen mit Freunden auch in anderen Ländern nach aquatischen Moosen umgeschaut, darunter in China, Gabun, Japan und den USA. Besonders der Südosten der Vereinigten Staaten stellte sich

Überwiegend männliche Pflanzen des Brunnenlebermooses.

dabei als eine wahre Fundgrube heraus, sowohl was die Klarwasserabflüsse der Appalachen als auch was die Sumpfgebiete im Süden des Subkontinents anbetrifft, die zum Golf hin entwässern.

Sicherlich sind nicht alle Formen zu gebrauchen. Moosbestände im Spritzwasserbereich von Wasserfällen oder entlang der Hochwasserkante in den Sümpfen machen oft im Aquarium eine klägliche Figur.

Pflanzengesellschaft in einem norddeutschen Moor; Landmoose dominieren.

Anders sieht es da in den Quellregionen aus, wo Moosbestände permanent submers oder zumindest amphibisch vorkommen. Mit ziemlicher Sicherheit lassen sich diese Pflanzen auch unter künstlichen Bedingungen kultivieren.

Nicht für alle Arten, die wir auf anderen Kontinenten gefunden haben, muss man allerdings die Heimat verlassen. Nach der Artbestimmung einiger solcher Moose, die freundlicherweise Prof. Dr. Jan-Peter Frahm für uns durchgeführt hat, wurde deutlich, dass manche Arten auch in Mitteleuropa heimisch sind. Beispielhaft dafür ist *Leptodictyum riparium*, das Ufermoos, das uns auf mehreren Reisen zu unterschiedlichen Jahreszeiten in South Carolina, Georgia und Louisiana begegnete. Auf den ersten Blick hätte man es dort für mehrere Arten halten können, denn zu verschieden waren seine Wuchsformen an den jeweiligen Standorten.

Ähnlich verhält es sich mit Arten der Gattung *Fissidens*. Wir entdeckten sie teilweise auf Totholz, Felsen beziehungsweise Gestein und sogar auf Sandboden. Die natürlichen Bestände können flächig wachsen, manchmal sieht man jedoch nur einzelne Stämmchen.

An vielen Fundorten bedrängen Algen die Moose. Einmal, wenn die Biotope dem direkten Sonnenlicht ausgesetzt sind, und dann besonders, wenn um die Gewässer herum Landwirtschaft betrieben wird und zum Beispiel durch Düngung Phosphate ins Wasser gelangen.

Fast immer kann man feststellen, dass die schönsten Moosbestände im Halbschatten bis Schatten angesiedelt sind. Oft werden sie dazu noch leicht von Wasser durchströmt, was eine Ansammlung von Mulm (und damit das Faulen) verhindert.

Wer Moose aus dem Freiland ins Aquarium überführt, sollte sich darüber im Klaren sein, dass sie eine Vielzahl von Leben beherbergen können. Angefangen von Wasserschnecken, über Wasserinsekten und deren Larven, bis hin zu Laich von Fischen und Amphibien und Jungtieren jeglicher Art – alles ist möglich. Während eini-

ge dieser Wasserbewohner unproblematisch sind, weil sie im Aquarium keine echte Überlebenschance haben, können sich andere durch vermehrtes Ausbreiten zur Plage entwickeln. Besonders sind hier Süßwasserpolypen und Planarien zu nennen. Die oft empfohlene, vorübergehende Unterbringung der Pflanzen in einem Plastikbeutel mit Mineralwasser (möglichst hoher Anteil an gelöster Kohlensäure) hat bei uns leider keine endgültige Abhilfe schaffen können. Anders sieht es da mit Flubenol und Panacur aus, allerdings sind diese Mittel verschreibungspflichtig und sollten nur nach Vorschrift verwendet werden.

Die Moospflege muss sich nicht auf die Aquaristik beschränken. Im Garten lassen sich Moosbeete ebenso anlegen, wie man mit Moosen einen künstlichen Bachlauf oder die Einfassung eines Teiches begrünen kann. Hervorragendes Besiedlungssubstrat sind außerdem Natursteinmauern oder raue Ziegelsteine. Man muss allerdings für die richtige Feuchtigkeit sorgen.

Lebermoose Hepaticophytina

Monosolenium tenerum Griff. (fälschlich: Pellia Moos)

Internationale Bezeichnung:
unbekannt

Vorkommen:
Asien (von Nordindien und Nepal über Taiwan und Südchina bis in den Osten von Japan)

Temp.: 10–28 °C
pH: 5,5–8,0
GH: 1–18°

Lichtbedarf:
niedrige bis hohe Ansprüche

Dieses Lebermoos wurde wahrscheinlich erstmals mit kommerziellen Wasserpflanzenexporten aus Taiwan nach Europa eingeführt.

Man kann die Pflanze in vielerlei Hinsicht einsetzen. Sie sinkt zu Boden und wächst dort, auf dem Substrat liegend, weiter. Das *Monosolenium* lässt sich aber auch aufbinden oder mittels eines Pflanzennetzes auf Substrat fixieren. Obwohl es kleine Rhizoide ausbildet, wächst es submers allerdings kaum einmal auf der Unterlage (Holz, Stein) an und muss deshalb immer fixiert bleiben. Wie viele andere Moose, passt es sich in seiner Wuchsform den jeweiligen Gegebenheiten an.

Von der Farbe her kräftig grün und mit breiten Trieben zeigt es sich bei normaler bis starker Beleuchtung, während bei schlechteren Lichtverhältnissen die Triebe sehr schmal werden und das Grün ausgewaschen wirkt. Schmale und blasse Triebe werden außerdem bei Nährstoffmangel und niedriger Gesamthärte vermehrt ausgebildet. Übliche Düngegaben und CO_2-Zusatz können dem entgegenwirken. Unter optimalen Bedingungen ist das Wachstum sehr zügig, so dass schnell durch Verzweigung dicke attraktive Polster gebildet werden.

Besonderheit:

Früher wurde dieses Moos oft als Art der Gattung *Pellia* angesprochen, was sich als falsch herausstellte. Möglicherweise sind noch andere, sehr ähnlich aussehende Lebermoosarten nach Europa gelangt, die ebenfalls als *Monosolenium tenerum* verbreitet werden.

Marchantia polymorpha L.
Brunnenlebermoos

Internationale Bezeichnung:
unbekannt

Vorkommen:
weltweit in geeigneten Klimazonen

Temp.: 5–26 °C
pH: 5,0–8,0
GH: 1–18°

Lichtbedarf:
niedrige bis hohe Ansprüche

Das Brunnenlebermoos kommt in der Natur eher im Spritzwasserbereich von Gewässern vor oder wächst nur zeitweise submers. Ob die Kultur im Aquarium gelingt, hängt wohl auch davon ab, woher die Pflanzen stammen. Besser aufgehoben ist dieses Moos sicher in einem Aquaterrarium, wo es oberhalb des Wasserspiegels wesentlich besser zurecht kommt und sich schnell ausbreitet.

Wichtig ist auf jeden Fall eine nicht zu hohe Temperatur. Auch sollte am Landteil für ausreichende Luftfeuchtigkeit gesorgt werden, beispielsweise durch regelmäßiges Sprühen oder den Einsatz einer Benebelungsanlage.

Von sämtlichen Lebermoosen besitzt diese Art die längsten Rhizoide. Diese Haftorgane ermöglichen ein schnelles Anwachsen auf rauen Substraten, wenn die sonstigen äußeren Umstände der Pflanze entgegen kommen. Man sollte Kieselsteine zum Begrünen wählen, die lassen sich später bei Bedarf leicht umsetzen oder bei einer Grundreinigung des Aquariums vorübergehend aus dem Becken entfernen.

Besonderheit:

Das Brunnenlebermoos wurde früher als Heilmittel gegen Tuberkulose und Lebererkrankungen eingesetzt. Daher rührt auch der deutsche Trivialname Lebermoos für die gesamte Unterabteilung Hepaticophytina. Heute weiß man, dass das Brunnenlebermoos stark fungizid wirkt. Möglicherweise hat diese Eigenschaft im Aquarium ebenfalls positive Auswirkungen.

Riccia fluitans L.
Flutendes Teichlebermoos

Untergetauchtes Sternlebermoos

Internationale Bezeichnung:
unbekannt

Vorkommen:
weltweit in klimatisch geeigneten Regionen

Temp.: 5–28 °C
pH: 5,0–8,0
GH: 1–15°

Lichtbedarf:
mittlere Ansprüche

Riccia fluitans ist eine anpassungsfähige Art, die ruhige Gewässerzonen bevorzugt. Sie kommt nicht nur schwimmend vor, sondern besiedelt ebenfalls den Gewässerrand beziehungsweise sumpfige Zonen.

Früher wurde die Art als Schwimmpflanze kultiviert. An den Aquariumrändern oder Dekorationsmaterialien/Filtermatten wächst sie über die Wasseroberfläche hinaus. Eine CO_2-Düngung ist nicht nötig, fördert aber das Wachstum.

Die Vermehrung erfolgt durch Sprossung. Sind die Licht- und Wasserverhältnisse ideal, werden relativ schnell dicke Polster gebildet, die viele Fischarten als Laichsubstrat und Versteckmöglichkeit nutzen. Für die sonstige Bepflanzung kann die Schwimmpflanzendecke allerdings zu akutem Lichtmangel führen. Eine regelmäßige Ausdünnung ist deshalb angebracht.

Die Verwendung des Teichlebermooses als Bodendecker (aufgebunden oder im Pflanzennetz) ist zwar möglich, jedoch nicht unumstritten, weil dies nicht die typische Wuchsform ist und die Pflanzen auch nicht dauerhaft am Substrat haften.

Besonderheit:

Unter dem Artnamen *Riccia rhenana*, Untergetauchtes Teichlebermoos, kennen wir einen autodiploiden Abkömmling von *Riccia fluitans*. Aquaristisch ist dieses Moos, das unter etwa gleichen Bedingungen zu halten ist, ebenfalls interessant, weil es außer in einer Schwimm- (und Landform) auch abgesunken vorkommen kann. In dieser Variante lässt es sich im Aquarium ohne Aufbinden kultivieren.

Riccardia chamaedryfolia (With.) Grolle
Buchtiges Riccardi-Moos

Korallenmoos, Mini-Pellia

Internationale Bezeichnung:
Coral Moss

Vorkommen:
Europa, Asien (?)

Temp.: 5–29 °C
pH: 5,5–8,0
GH: 1–15°

Lichtbedarf:
niedrige bis mittlere Ansprüche

Aquaristisch ist das Korallenmoos in Deutschland erst seit wenigen Jahren bekannt. Seine Wuchsform ist stark abhängig von den Lichtverhältnissen: Bei indirekter Beleuchtung wirkt sie locker und sehr uneinheitlich, bei hohen Lichtgaben oder direkt unter der Oberfläche gleichmäßig kurz bis gedrungen. Allgemein gilt dieses sattgrüne Moos als langsam wachsend, obwohl es nach unserer Erfahrung, einmal eingewöhnt, durchaus wuchsfreudig ist. CO_2-Zugaben wirken sich auf das Wachstum positiv aus, sind aber nicht unbedingt nötig.

Im Aquarium bindet man das Buchtige *Riccardi*-Moos am besten auf rauem Substrat (zum Beispiel Lavagestein) auf. Mit Holz als Unterlage haben wir unterschiedliche Erfahrungen gemacht: Während es sich auf Moorkienholz (auch Schwarztorfsoden) sogar ohne Aufbinden halten und verbreiten kann, löst es sich auf harten glatten Unterlagen nach einiger Zeit flächig ab.

Sehr gut kommt dieses Moos mit weichem, schwach sauerem Wasser zurecht. Die Vermehrung erfolgt bei submerser Haltung ausschließlich durch Sprossung.

Besonderheit:

Es ist durchaus möglich, dass mittlerweile im Hobby noch weitere *Riccardia*-Arten gepflegt werden. Durch die Variabilität dieser Moose kann es bei oberflächlicher Betrachtung sehr schnell zu Verwechslungen kommen. So zeigen *Riccardia graeffei* und *R. multifida* ein ähnliches Aussehen und in den Pflegeansprüchen gibt es Überschneidungen.

Pellia endiviifolia (DICKS.) DUMORT.
Endivienartiges Beckenmoos

Kelch-Beckenmoos

Internationale Bezeichnung:
unbekannt

Vorkommen:
überwiegend Europa

Temp.: 5–28 °C
pH: 5,5–8,0
GH: 2–20°

Lichtbedarf:
niedrige bis mittlere Ansprüche

Diese auch in Deutschland heimische Art ist im Hobby leider noch nicht besonders weit verbreitet, obwohl sie im Aquarium durchaus eine Bereicherung sein kann: Sie wächst sehr gut auf rauem Gestein, ohne so dicke Polsterstärken zu erreichen wie zum Beispiel *Monosolenium tenerum*. Entsprechend weniger Arbeit hat man beim Beschneiden.

Das Endivienartige Beckenmoos kommt häufig an Standorten vor, die im Halbschatten bis Schatten liegen. Auch in der submersen Kultur ist das Lichtbedürfnis niedrig, ebenso der Wärmebedarf. CO_2-Zusatz kann das langsame Wachstum etwas beschleunigen, vorteilhaft ist außerdem kalkhaltiges Gestein, auf das man das Moos aufbindet. Nötig ist dies aber nicht, denn auf huminsauren Schwarztorfsoden wächst die Pflanze ebenfalls.

Unter Wasser vermehrt sich dieses kleinwüchsige Moos durch Sprossung. Allgemein sind die Wachstumszuwachsraten aber eher mittelmäßig.

Besonderheit:
Pellia endiviifolia wird meist nur privat weitergegeben und hat kommerziell noch keine Bedeutung. Mit der Verbreitung der Nano-Aquaristik sollte sich diese Situation ändern, denn gerade hier sind Arten mit den aufgezählten Qualitäten gesucht.

Achtung:

Eine leichte Verwechslungsgefahr besteht mit *Monosolenium tenerum* und dem Prothallium (Vorkeim) des Farns *Lomariopsis lineata*, den man unter der schlecht gewählten Handelsbezeichnung Süßwassertang kennt.

Laubmoose
Bryophytina

Fontinalis antipyretica Hedw.
Gemeines Quellmoos

Gewöhnliches Quellmoos

Internationale Bezeichnung:
Willow Moss

Vorkommen:
weltweit in klimatisch geeigneten Regionen nachgewiesen

Temp.: 5–28 °C
pH: 6,0–7,8
GH: 2–18°

Lichtbedarf:
mittlere bis hohe Ansprüche

Diese Art ist eines der am längsten im Hobby gepflegten Moose. Bereits zu den Anfängen der Aquaristik gehörte sie zu den Dekorationspflanzen, damals noch im Kaltwasseraquarium. Heute wird das Moos überwiegend im Warmwasser eingesetzt.

Mit Stämmchen von mehr als 30 cm Länge eignet sich das langwüchsige Quellmoos sogar für Großaquarien, wenn die entsprechende Beleuchtung gesichert ist. Eine CO_2-Zugabe ist nicht unbedingt nötig, unterstützt aber ebenso wie eine leichte Strömung im Becken das gleichmäßige Wachstum.

Äußerlich ist das Quellmoos sowohl in der Wuchsform als auch in der Färbung durchaus variabel, was offensichtlich von seiner Herkunft und den Kulturbedingungen abhängig sein kann. Mit zunehmendem Alter werden die Stämmchen holzig und nehmen eine rötliche bis braune Färbung an. *Fontinalis antipyretica* verfügt über kräftige Rhizoide, mit denen sich die Pflanzen an Steinen, Hölzern oder Wurzelbärten anderer Pflanzen fest verankern können.

Die Kultur erfolgt am besten in aufgebundener Form. Wer das Quellmoos auf Bodensubstrat aus grobem Kies siedeln lassen will, sollte eine Bodenfilterung einplanen. Die Wuchshöhe passt sich normalerweise dem Aquarium an.

Besonderheit:
Von *Fontinalis antipyretica* wurden mit *F. antipyretica* var. *gigantea* und *F. antipyretica* var. *gracilis* noch zwei weitere Formen beschrieben, die sich äußerlich unterscheiden.

Fissidens fontanus (B. Pyl.) Steud.
Phönixmoos, Quell-Gabelzahn

Quell-Spaltzahnmoos

Internationale Bezeichnungen:
US-Fissidens,
Phoenix moss

Vorkommen:
Europa, Nord- und Mittelamerika, Afrika

Temp.: 12–30 °C
pH: 5,5–8,0
GH: 1–20°

Lichtbedarf:
mittel

Fissidens fontanus hat bei uns seine aquaristische Laufbahn als Pflanzenimport aus Asien begonnen. Tatsächlich aber schließt seine natürliche Verbreitung Asien nicht mit ein, hingegen findet man es zum Beispiel in Europa, wenn auch nur in kleinen lokalen Beständen.

Von den kultivierten Arten der Gattung dürfte diese Spezies den höchsten Wuchs besitzen. Die weichen Stämmchen werden je nach Standortvariante bis zu zehn Zentimeter lang.

Im Hobby gelten Moose der Gattung *Fissidens* als langsamwüchsig und schwierig in der Haltung. Diese Art ist da etwas wuchsfreudiger, dazu hält sie sich zum Beispiel bei uns im 30-l-Komplettaquarium (Beleuchtung 6.400 K) bei Raumtemperatur. Nährstoffe gelangen in dieses Zwerggarnelenaquarium nur über das Wirbellosenfutter und die Zugabe von Frischwasser. Eine CO_2-Anlage steht für das Becken nicht zur Verfügung.

Bei der Kultur haben sich bei uns Schwarztorfsoden als Substrat zum Aufbinden bewährt. Es scheint, als ob das huminsaure Umfeld an den Rhizoiden dem Moos liegt, was wir auch bei anderen Arten beobachten konnten.

Fissidens rivularis (Spruce) B.S.G.
Bach-Spaltzahnmoos

Internationale Bezeichnung:
Creek Fontinalis

Vorkommen:
Eurasien, Afrika

Temp.: 5–26 °C
pH: 5,5–8,0
GH: 1–20°

Lichtbedarf:
niedrig bis mittel

Diese Art ist im Hobby kaum verbreitet, aber sie soll hier trotzdem vorgestellt werden, denn sie ist wegen ihrer geringen Wuchshöhe ein idealer Besatz für die beliebten Nano-Aquarien. Gerade wer nicht viel Zeit für Pflegemaßnahmen hat, wird sie zu schätzen wissen.

Fissidens rivularis bevorzugt halbschattige bis schattige Standorte. Meist sitzt die Art gemeinsam mit anderen Moosen auf Steinen oder Felsen im Spritzwasserbereich, knapp über der Wasserlinie, oder wächst sogar submers.

Wir kultivieren das Moos auf Gestein, doch sind beispielsweise grobporige Lavabrocken ebenso ein geeigneter Untergrund, um die kleinen Pflänzchen vorsichtig darauf aufzubinden. Das Wachstum ist relativ langsam, dafür aber sehr gleichmäßig. Das Bach-Spaltzahnmoos sollte so platziert werden, dass es zum Blickfang wird.

Die Vermehrung in submerser Kultur erfolgt durch Verzweigung und Teilung. Die Art kommt zwar ohne Düngung und CO_2-Gabe aus, doch profitiert sie auch von der Zugabe solcher Nährstoffe. Selbst unter einer lockeren Schwimmpflanzendecke lässt sie keine Ausfälle erkennen. Mit einer Wuchshöhe von rund einem Zentimeter und seiner meist dunkelgrünen Farbe ist *Fissidens rivularis* ein Moos, das mehr Beachtung verdient hätte.

Besonderheit:

Verwechslungsgefahr besteht in erster Linie mit anderen niedrigwüchsigen Arten der Gattung, doch sind auch davon nicht gerade viele im regelmäßigen Angebot des Fachhandels.

Fissidens nobilis Griff.
Edles Spaltzahnmoos

Internationale Bezeichnung:
Noble Fissidens

Vorkommen:
Südostasien bis Neuguinea

Temp.: 18–28 °C
pH: 6,0–8,0
GH: 2–18°

Lichtbedürfnis:
niedrig bis hoch

Unter der Bezeichnung *Fissidens nobilis* gelangen verschiedene Wuchsformen in den Handel, bei denen es sich um unterschiedliche Standortvarianten dieser Art handeln kann, was bei der riesigen Verbreitung durchaus möglich ist. Den einen unserer beiden Stämme haben wir aus einem japanischen Zuchtbetrieb mitgebracht, der andere ist ein Mitbringsel aus Südchina, leider nicht selbst am Standort gesammelt, sondern auch nur im Geschäft erworben. Es wäre interessant zu erfahren, ob diese Art auch dauerhaft submers vorkommt.

Dieses Moos besitzt unter den derzeit gepflegten Moosen ein einzigartiges Aussehen. Auf dunklem Rhizoid sitzt ein senkrecht wachsendes Stämmchen, dessen Farbe manchmal

Besonderheit:
Anscheinend gelten die hin und wieder im Zusammenhang mit der Aquaristik erwähnten Arten *Fissidens filicinus*, *F. japonicus* und *F. schismoides* als jüngere Synonyme von *F. nobilis*.

zu Rot tendiert. Die steil nach oben wachsenden, eng stehenden und sich überlappenden Blätter sind zu Anfang hellgrün und dunkeln mit dem Alter etwas nach. Die einzelnen Triebe stehen relativ locker, beinahe schon solitär, was so gar nicht dem Bild eines typischen Moospolsters entspricht.

Das Wachstum ist sehr langsam, selbst bei Zufuhr von CO_2 und regelmäßiger Gabe von Flüssigdünger. Wir haben unterschiedliche Beleuchtungsstärken und -spektren ausprobiert, doch objektiv waren keine Vor- oder Nachteile ersichtlich.

Vesicularia dubyana (C. Müller) Broth.
Javamoos

Singapurmoos

Internationale Bezeichnungen:
Singapore Moss, Dubious Bladder Moss

Vorkommen:
Südostasien, Malaysia, Singapur

Temp.: 12–28 °C
pH: 6,0–8,0
GH: 1–20°

Lichtbedarf:
niedrig bis hoch

Diese Moosart ist wuchsfreudig und anpassungsfähig und je nach Umgebungseinflüssen sehr variabel. Nicht nur als Dekoration ist sie einsetzbar, sondern auch als Laichmedium und Aufenthaltsort für Kleinlebewesen.

Im Aquaterrarium kann man das Javamoos sehr gut auch emers einsetzen. Dabei werden in Abhängigkeit von Beleuchtung und Feuchtigkeit unterschiedliche Wuchsformen gebildet. Oberflächlich betrachtet, kann man fast meinen, mehrere Arten vor sich zu haben.

Man kann das Javamoos zur Begrünung des Bodengrunds einsetzen, wo es sich sehr schnell am Substrat festsetzt. Ebenso lässt es sich als Solitärpflanze (Polster) verwenden, wobei man dem Ganzen Struktur verleiht, indem man einen Unterbau aus Holz, Schwarztorfsoden oder Gestein benutzt, auf das eingekürzte Triebe gebunden werden. Auch eine Moosrückwand lässt sich mittels eines Gitters oder eines Filterschwamms realisieren.

Der zusätzliche Einsatz von CO_2 im Aquarium ist nicht nötig, kann das Wachstum aber unterstützen. Von Zeit zu Zeit ist es nötig, das Moospolster zu teilen oder mittels einer Schere in Form zu bringen. Die abgeschnittenen Triebspitzen lassen sich besonders gut zum Aufbinden verwenden, sind also ganz und gar kein Abfall.

Auffällig ist die Fähigkeit, unter Wasser Sporenkapseln auszubilden. Unter dem Mikroskop zeigt das Moos rötliche Rhizoide, das sind Wurzelhaare, mit denen es sich am Substrat festhalten kann.

Vesicularia montagnei (Bel.) Broth.

Christmas-Moos

Weihnachtsmoos, Weihnachtsbaummoos

Internationale Bezeichnung:
Christmas Moss

Vorkommen:
Asien

Temp.: 15–28 °C
pH: 6,0–8,0
GH: 1–18°

Lichtbedürfnis:
mittelmäßig

Vesicularia montagnei wächst an den natürlichen Standorten in Asien überwiegend emers, zum Teil entlang von Fließgewässern im Uferbereich und auf feuchten Waldböden. Nach Deutschland kam das Moos vermutlich erstmals über Japan.

Diese Art ist ursprünglich als Varietät des Javamooses beschrieben worden. Wie *V. dubyana* kann sie unter Wasser Sporenkapseln ausbilden, aber in aller Regel vermehrt sie sich im Aquarium durch Sprossung. Das Wachstum ist unter normalen Umständen recht zügig. Die einzelnen Sprosse erinnern in Form und Anordnung an unsere heimischen Nadelgehölze.

Die typische Wuchsform lässt sich besonders gut für einen stufenförmigen Aufbau nutzen, wodurch gerade an den Beckenseiten herrliche Effekte erzielt werden können. Aber auch für eine bemooste Rückwand eignet sich diese Art.

Das Wachstum lässt sich mit CO_2-Zugaben beschleunigen. Auch Pflanzendünger wirkt sich hier positiv aus. Wenn ein Moospolster zu dick wird, sollte man es einkürzen. Die Spross-Spitzen können anschließend zum Aufbinden verwendet werden.

Besonderheit:

Diese Art hat eine sehr auffällige Wuchsform, wodurch sie sich als Moospolster recht einfach von anderen Moosen unterscheiden lässt. Schwieriger wird es für den Nicht-Bryologen da bei nur einem einzelnen Spross. Den können in ähnlicher Form noch andere Arten der Gattungen *Vesicularia* und *Taxiphyllum* ausbilden.

Vesicularia cf. *ferriei*
Hängendes Moos

Trauermoos

Internationale Bezeichnung:
Weeping Moss

Vorkommen:
Asien, vermutlich China

Temp.: 18–29 °C
pH: 6,5–7,8
GH: 2–15°

Lichtbedarf:
mittel bis hoch

Auch dieses Moos fällt durch seine besondere Wuchsform auf. Die unregelmäßigen, verzweigten Stämmchen hängen nach unten, was bei Pflanzen mit hängendem Wuchs oft mit Trauer („Trauer"-Weide) in Verbindung gebracht wird (oder auch: Hänge-Buche). Sowohl deutscher als auch englischer Trivialname nehmen auf die typische Wuchsform Bezug.

Der Einsatz dieses Mooses im Aquarium unterliegt den gestalterischen Möglichkeiten. Das Trauermoos kann zum Beispiel auf einem Stein oder einem Wurzelstück aufgebunden werden, um dann nach unten zu wachsen. Wenn das Bodensubstrat berührt wird, sollten die Sprosse eingekürzt werden, da das Moos sonst horizontal weiter wächst, was nicht unbedingt schön aussieht.

In der Kultur ist diese Form wie seine Verwandten wenig anspruchsvoll. Eine CO_2-Düngung ist kein Muss, ebenso wenig Zugaben von Pflanzendünger. Wie viele Moose mag auch *Vesicularia* cf. *ferriei* klare Sichtverhältnisse, das heißt, einer stärkeren Braunfärbung durch Huminstoffe oder anderen Wasserbelastungen sollte durch regelmäßigen Wasserwechsel vorgebeugt werden.

Das Lichtbedürfnis der Art ist eher durchschnittlich. Die Vermehrung im Aquarium erfolgt durch Sprossung.

Besonderheit:

Noch nicht abschließend geklärt ist die Artzugehörigkeit dieser Form. Verwechslungsgefahren sind mit anderen Arten der Gattungen *Vesicularia* und *Taxiphyllum* gegeben.

Vesicularia reticulata (Dozy & Molk.) Broth.
Aufrechtes Moos

Internationale Bezeichnung:
Erect moss

Vorkommen:
Südostasien

Temp.: 18–26 °C
pH: 6,2–7,8
GH: 2–18°

Lichtbedarf:
niedrig bis mittelmäßig

Die Wuchsrichtung dieses Mooses zeigt, wie es die Handelsbezeichnungen implizieren, gerade nach oben. Von den anderen aquaristisch vorhandenen Arten der Gattung lässt es sich dadurch grob abgrenzen. Es darf aber nicht unerwähnt bleiben, dass einige andere aus Asien importierte Moose, möglicherweise aus der Uferzone oder sogar aus emerser Kultur, zunächst eine ähnliche Wuchsform besitzen, wenn man sie in das Aquarium einsetzt. Manchmal kann man solche Moose über die Veränderung der Wasserparameter oder der Beleuchtung wieder dazu bringen, „normal" weiter zu wachsen, einige schaffen die Umstellung aber nicht und verschwinden nach und nach aus dem Becken.

Doch zurück zu *Vesicularia reticulata*: Die Pflanze bildet nicht zu starke Polster, so dass sie, auf flache Steine oder liegende Wurzeln aufgebunden, in größeren Aquarien auch im Vordergrund genutzt werden kann. Für eine Mooswand eignen sich hingegen die in alle Richtungen wachsenden Arten weitaus besser.

Selbst ohne zusätzliche Düngung oder CO_2-Gabe zeigt das Aufrechte Moos ordentliche Zuwachsraten. Wird das Aquarium für Pflanzen optimiert (Beleuchtungsdauer, CO_2- und Nährstoffgehalt), muss man allerdings weit häufiger das Moospolster in Form schneiden oder durch Teilung verkleinern.

Besonderheit:
Von den anderen aquaristisch vorhandenen Arten der Gattung unterscheidet sich *Vesicularia reticulata* optisch durch seine aufrechte Wuchsform.

Taxiphyllum barbieri (Card. & Coppey) Iwats.
Bogor-Moos

fälschlich auch Javamoos

Internationale Bezeichnung:
Bogor moss (fälschlich auch Java moss und Willow moss)

Vorkommen:
Südostasien

Temp.: 18–26 °C
pH: 5,2–8,5
GH: 1–20°

Lichtbedarf:
niedrig bis hoch

Das Bogor-Moos lässt sich im Aquarium und Aquaterrarium kultivieren. Im Unterschied zum Javamoos wächst es etwas verzweigter, was den Moospolstern dann ein kompakteres Aussehen verleiht. Obwohl es an natürlichen Standorten durchaus submers vorkommt, bildet es unter Wasser im Gegensatz zum echten Javamoos keine Sporophyten (Sporenkapseln) aus.

Die Wuchsform kann sehr unterschiedlich sein, was sich besonders in emerser Kultur zeigt. Einflüsse hat hier die Beleuchtungsstärke, weitere Hauptfaktoren sind Beleuchtungsdauer und Feuchtigkeitsgehalt.

Der Einsatzbereich ist vielfältig. Außer als Dekoration dient das Moos noch als Laichmedium und Versteckplatz. Viele Mikroorganismen siedeln sich in Moospolstern an, die dann wieder Teil der Nahrungspalette für andere Aquarieninsassen werden.

Auf grobem Bodengrund setzt sich das Moos schnell fest. Man kann es sehr gut aufbinden, egal nun ob auf Stein, Holz, Plastik oder Edelstahl. Selbstverständlich lässt es sich als solitäres Polster verwenden, wobei man dem Ganzen durch einen Unterbau Struktur verleihen kann. Selbst eine Moosrückwand kann man mithilfe eines Gitters oder eines Filterschwamms realisieren, obwohl es dafür besser geeignete Arten gibt.

Für die anpassungsfähige Art ist der zusätzliche Einsatz einer CO_2-Anlage unnötig, schadet aber auch nicht. Von Zeit zu Zeit muss man dieses Moos zurückschneiden, sonst wird es doch zu üppig.

Taxiphyllum sp. „Peacock" Peacockmoos

Pfauenmoos

Internationale Bezeichnung:
Peacock moss

Vorkommen:
vermutlich Südostasien, China (?)

Temp.:	14–28 °C
pH:	5,6–7,8
GH:	2–15°

Lichtbedarf:
mittel bis hoch

Optisch unterscheidet sich das Pfauenmoos von seinen nächsten Verwandten zunächst durch den dichteren Blattstand, der die Moospolster sehr kompakt wirken lässt. Die einzelnen jungen Triebe wirken in ihrem Aufbau anfangs wie ein gleichmäßiges Dreieck. Mit weiterem Wachstum verändert sich ihre Form vorübergehend und erscheint dann eher abgerundet. Später wächst sich dies schließlich wieder zurück zur dreieckigen Form aus.

Wichtig für den typischen Wuchs ist allerdings die richte Beleuchtungsstärke, die man bei jedem Aquarium erst herausfinden muss, und eine ausreichende Versorgung mit Nährstoffen. Gibt es da Defizite, entstehen schnell lange dünne und unattraktiv aussehende Triebe. Eine geschlossene Form lässt sich am ehesten erreichen, wenn die äußeren Umstände verbessert und die Stämmchen im Abstand von mehreren Wochen kräftig zurückgeschnitten werden. *Taxiphyllum* sp. „Peacock" ist eines der Moose, mit denen Gitterrückwände und Rückwände aus grobem Filterschwamm am einfachsten zu begrünen sind. Auch auf verschiedene Dekorationsmaterialien lässt es sich hervorragend aufbauen, wobei große Polster sehr gut solitär eingesetzt werden können.

Die Vermehrung geschieht im Aquarium wohl ausschließlich durch Sprossung beziehungsweise Teilung. Im Kapitel über das Aufbinden wird geschildert, wie man am schnellsten zu einem attraktiven Moospolster kommt.

Taxiphyllum sp. „Spiky“

Spiky-Moos

Internationale Bezeichnung:
Spiky moos

Vorkommen:
Asien

Temp.: 12–29 °C
pH: 5,6–7,8
GH: 2–18°

Lichtbedarf:
mittel bis hoch

Diese Form tauchte im Handel kurz nach *Taxiphyllum* sp. „Peacock“ auf. Im Aquarium ähnelt sich die Wuchsform beider Varianten, und es kann sich bei ihnen durchaus um die gleiche Art handeln. Leider wurden auch in der emersen Kultur bisher noch keine Sporophyten gebildet, die für eine genaue Artdiagnose wohl nötig wären.

Mit entscheidend für den Wuchs ist die richtige Beleuchtung, deren Stärke und Spektralzusammensetzung sich auch nach dem vorhandenen Aquarium richtet. Ähnlich verhält es sich mit den Düngemaßnahmen und dem eventuellen Betrieb einer CO_2-Anlage. Hier sollte abgewogen werden, ob man möglichst schnell und dicht wachsende Pflanzen benötigt oder nicht. Pflegemaßnahmen, wie das Beschneiden der Moospolster, tragen ebenfalls zum äußeren Erscheinungsbild bei. Der Abschnitt sollte möglichst gesammelt werden und ergibt, fachgerecht aufgebunden, den Grundstock für ein neues Moospolster.

Taxiphyllum sp. „Spiky“ kann ebenfalls zum Begrünen von Gitterrückwänden und Schwämmen benutzt werden. Ein Einsatz auf rauem Substrat, etwa Schwarztorfsoden oder Sandsteinplatten, ist empfehlenswert, wenn man eher die unteren Bereiche des Aquariums begrünen möchte.

Wenn die Luftfeuchtigkeit regulierbar ist, lässt sich diese Form ebenfalls auf dem Landteil eines Aquaterrariums gut kultivieren. Eine Vermehrung erfolgt anscheinend bisher nur vegetativ.

Taxiphyllum cf. *alternans*
Taiwan-Moos

Internationale Bezeichnung:
Taiwan moss

Vorkommen:
Vermutlich Asien

Temp.:	12–28 °C
pH:	5,6–7,6
GH:	2–18°

Lichtbedarf:
niedrig bis hoch

Wie viele andere Moose seiner Gattung ist auch das Taiwan-Moos recht wuchsfreudig und anpassungsfähig. Die dichten Moospolster sehen sehr attraktiv aus und bilden für viele Fischarten ein ideales Laichmedium. Ebenfalls werden die Moosbestände von vielen kleinen Aquarienbewohnern als Rückzugsmöglichkeit genutzt. Oberflächlich betrachtet, sind sich Taiwan- und Weihnachtsbaummoos recht ähnlich, obwohl sie zwei verschiedenen Gattungen angehören. Das Taiwanmoos bildet ebenfalls Triebe aus, die sich sehr gleichmäßig zur Spitze hin verjüngen. Da es leicht hängend wachsen kann, sieht eine Rückwand aus Moos dieser Form sehr spektakulär aus.

Der Einsatz von CO_2 im Aquarium unterstützt das Wachstum zusätzlich, ist aber nicht unbedingt nötig. Eine wöchentliche Düngung kann den Wuchs ebenfalls stimulieren. Von Zeit zu Zeit sollten die manchmal fast wuchernden Moospolster mit einer Schere zurückgeschnitten werden, um sie so in Form zu bringen. Abgeschnittene Triebspitzen kann man sammeln und zum Aufbinden verwenden. So lassen sich Moospolster mit der Zeit vermehren und an andere Pflanzenliebhaber abgeben.

Taxiphyllum sp. „Flame moss"
Flammen-Moos

Internationale Bezeichnung:
Flame moss

Vorkommen:
tropisches Asien

Temp.:	12–28 °C
pH:	5,5–7,8
GH:	1–18°

Lichtbedarf:
mittel bis hoch

Während andere Laubmoose im Aquarium meist sehr gerade ausgerichtet wachsen, zeigt das Flammen-Moos eher Kurven. Wie züngelnde Flammen streben die Stämmchen dieses noch unbestimmten Mooses in sich gedreht in Richtung Wasserspiegel.

Wachstumsgeschwindigkeit und Färbung der Stämmchen richten sich nach der Beleuchtung und dem Vorhandensein von Nährstoffen, können also gesteuert werden. Dichte Moospolster sind gerade bei Zwerggarnelen und dem Fischnachwuchs sehr beliebt, wohl auch, weil sich dort verhältnismäßig viele Mikroorganismen aufhalten, die mit zur Nahrung gehören.

Durch seine spezielle Wuchsform ist das *Taxiphyllum* sp. „Flame moss" als Begrünung von Rück- oder Seitenwänden ungeeignet. Bindet man das Flammen-Moos hingegen auf waagerecht ausgerichteten Substraten auf, lässt es sich recht gut als Gestaltungselement des Mittelgrunds verwenden.

Leptodictyum riparium (Hedw.) Warnst.
Ufermoos

Internationale Bezeichnung:
Stringy Moss

Vorkommen:
Nördliche Halbkugel, Afrika, Neuseeland

Temp.:	5–27 °C
pH:	5,0–8,2
GH:	1–20°

Lichtbedarf:
schwach bis hoch

Dieses Moos hat in der Aquaristik bisher leider noch nicht die Beachtung gefunden, die es verdient hätte. In der Natur kann es sowohl submers vorkommen als auch im Uferbereich der Gewässer dichte Polster bilden, die je nach Lichteinfall gelblich grün bis dunkelgrün sind. An manchen Fundorten wachsen die Triebe sehr lang, beinahe gerade und ohne Seitentriebe, an anderen in dicken Lagen, kurz und stark verzweigt.

Im Aquarium richtet sich die Wuchsform ebenfalls nach den äußeren Einflüssen. Eine hohe Lichtintensität sorgt bei ausreichender Nährstoffzufuhr für sattgrüne, kompakt wirkende Triebe. Unter bestimmten Umständen entstehen aber nur lange blasse Sprossen („Vasenmoos").

Die Vermehrung geschieht durch Teilung der Moospolster. Selbstverständlich lassen sich einzelne Moosabschnitte auch wieder zu neuen Polstern aufbinden.

Wenn man das Ufermoos über die Wasseroberfläche hinaus wachsen lässt, werden fast regelmäßig Sporophyten ausgebildet. Auch im Freiland, etwa in Holzbottichen oder kleinen Gartenteichen, kann man die Art kultivieren, wobei das Wachstum in Klarwasser sehr zügig ist. Selbst im Winter und unter einer Eisschicht wächst das Moos weiter.

Besonderheit:

Leptodictyum riparium ist auf den ersten Blick optisch kaum von Java- und Borgor-Moos zu unterscheiden. Wenn man es in die Hand nimmt, fällt aber auf, dass sein Aufbau sich wesentlich härter anfühlt als der der beiden anderen Moose.

Drepanocladus aduncus (Hedw.) Warnst.

Ringloses Sichelmoos

Krallenblatt-Sichelmoos, Aduncus-Moos

Internationale Bezeichnung:
Aduncus moss

Vorkommen:
Nördliche Hemisphäre, aber auch Australien, Neuseeland, Südamerika

Temp.: 4–28 °C
pH: 5,0–8,0
GH: 1–18°

Lichtbedarf:
mittel

Dieses Moos bildet im Freiland ungefähr fünf bis zehn Zentimeter lange Stämmchen. Im Verbreitungsgebiet kommt es besonders häufig um stehende Gewässer herum vor, wo es meist vom Ufer her bis in das Wasser hinein wächst.

Die Wuchsform ähnelt im Aquarium der des Ufermooses, was besonders bei schwacher Beleuchtung deutlich wird. Auch hier wirken die Triebe bei ausreichenden Lichtverhältnissen wesentlich gedrungener. Hilfreich für die relativ schnellwüchsige Art sind Düngerzugaben und, falls möglich, eine CO_2-Düngung.

Mit diesem Sichelmoos lässt es sich im Aquarium gestalterisch auf vielfältige Art arbeiten. Zunächst aufgebunden, haftet die Art später von selbst auf einem rauen Untergrund, wie ihn zum Beispiel Schwarztorfsoden, Moorkienholz und verschiedene Steine aufweisen. Wenn man das Moos zum Aufbau einer grünen Rückwand nutzen möchte, sollte man es beim weiteren Wachstum so in Form schneiden, dass auch die unteren Partien ausreichend mit Licht versorgt werden.

Besonderheit:
Von ähnlich aussehenden Aquarienmoosen unterscheidet sich *Drepanocladus aduncus* durch die feinere Blattstruktur. Es fühlt sich auch weicher an als zum Beispiel das Ufermoos, das eine ähnlich breite Farbpalette besitzt.

Echte Farne

Polypodiopsida

Lomariopsis lineata (C. Presl) Holtum

Deutsche Bezeichnung:
Süßwassertang

Internationale Bezeichnung:
(fälschlich) Round Pellia

Herkunft:
von Thailand über Indonesien bis nach Papua-Neuguinea

Temp.: 18–27 °C
pH: 6,5–7,8
GH: 2–8°

Lichtbedarf:
niedrig bis hoch

Auch wenn diese Pflanze moosähnlich aussieht, ist der „Süßwassertang" kein Moos sondern der Vorkeim (oder Prothallium, Gametophyt) eines Farns (vermutlich *Lomariopsis lineata*). Vom Aussehen her ist er oberflächlich schnell mit dem Lebermoos *Monosolenium tenerum* zu verwechseln. Allerdings besitzt er keine Mittelrippe und keine Kerbe an der Thallusspitze wie diese Moosart. Der Süßwassertang wird am besten auf dem Bodensubstrat kultiviert, wo er dicke Polster bilden kann. Obwohl er Rhizoide besitzt (wurzelähnliche Haftorgane), haftet er sehr schlecht auf Stein- oder Holzflächen. Die besten Erfahrungen haben wir in dieser Hinsicht mit Schwarztorfsoden gemacht, die er anscheinend ohne Hilfe besiedelt.

Unter guten Bedingungen ist diese Farnart durchaus wuchsfreudig. Der Einsatz eines CO_2-Geräts und Pflanzendünger machen sich in dieser Hinsicht positiv bemerkbar. Die Vermehrung dieser Unterwasserform geschieht durch Teilung.

Mit seinen breiten Thalli in saftigem Grün ist der Süßwassertang ein echter Blickfang im Aquarium. Er lässt sich sowohl als Vordergrundbegrünung als auch im Mittelgrund (ambesten etwas erhöht) einsetzen. Anzumerken ist, dass manche Schneckenarten eine Vorliebe für ihn haben. Sie müssen schnellstens aus dem Aquarium entfernt werden, will man die Pflanze nicht vollständig verlieren.

Das Aufbinden von Moosen

Mit substratgebundenen Moosen lässt es sich nicht nur flächig am Boden arbeiten, man bekommt praktisch mit höheren Steinen oder Wurzelholz die dritte Dimension dazu und kann räumlich gestalten. Freiwillig und schnell siedeln sich die Moose jedoch nicht auf jedem Untergrund an, so dass der Aquarianer sich eines Hilfsmittels bedient, um die Moospolster an einer Stelle zu fixieren: Er bindet sie auf.

Bis zu unserem Besuch der Moosfarm in Japan, habe ich das auf die herkömmliche Art und Weise gemacht: Moosstämmchen wurden lose gebündelt und über das zu begrünende Substrat (Moorkien-

holz, Flusskiesel, Lavabrocken, Sandsteinplatten) gelegt, um anschließend mit feiner Angelschnur festgebunden zu werden. Der Erfolg stellte sich bei dieser Methode zwar ein, das Moos wuchs also an, die Wuchsform gefiel mir aber nicht, denn ein dichtes Grün sieht anders aus. Da half auch kein regelmäßiges Trimmen.

In Japan nun durften wir den Profis über die Schulter schauen. Im Betrieb von Herrn Suzuki werden jährlich rund 100.000 Moospolster erzeugt, die anschließend in den Handel gelangen. Dabei sind neben zahlreichen anderen Formen einfache rechteckige Platten, die auf Keramikfliesen aufgebunden werden und Wurzelholzunikate, die mit bis zu vier Moospolstern auf unterschiedlichen Ebenen geschmückt sind. Handarbeit ist auch in Japan teuer, so dass sich der Wert in erster Linie nach dem Arbeitsaufwand richtet.

Im professionellen Betrieb arbeitet man folgendermaßen: Die einzelnen Moosarten werden in großen Becken artrein als Polster gehalten. Wenn die

einzelnen Stämmchen so ziemlich ihre Maximallänge erreicht haben, sind sie praktisch erntefähig. Auch hier bündelt man sie, doch werden sie anschließend mit einer Schere oder einem scharfen Messer in etwa 15 mm lange Stücke zerteilt. Erst diese Stücke werden dann je nach Bedarf auf dem Substrat ausgebracht und mit einem Faden fixiert. Wie das bei Platten und Wurzelhölzern funktioniert, habe ich auf den zwei beigefügten Fotostrecken dokumentiert.

Der Vorteil kurzer Stammstückchen liegt auf der Hand. Ähnlich den aus dem Gartenbau bekannten Stecklingen, treibt die Pflanze an mehreren Stellen gleichzeitig aus, das Ganze auf wesentlich engerem Raum als bei langen Stämmchen. Daher wachsen so erzeugte Moospolster auch sichtbar dichter, als die nach herkömmlicher Methode geschaffenen.

Zum Aufbinden eignet sich dünne Plastikschnur ebenso wie dünne Baumwollfäden. Während die Plastikschnur (zum Beispiel Angelschnur) nicht zerfällt, wird der Baumwollfaden mit der Zeit zersetzt und verschwindet. Nicht nur in Japan gibt es mittlerweile sogar spezielle Fäden für das Aufbinden, die noch schneller zerfallen. Ob das nötig ist, wenn das Moospolster eine normale Mächtigkeit erreichen soll, muss jeder selbst entscheiden.

Links und oben:
Auch mit Netzen kann man das Moos auf dem Substrat fixieren.

Unten:
Unter bewegtem Wasser wird hier *Riccardia chamaedryfolia* kultiviert.

Schritt für Schritt ...

1 Die abgeschnittenen Moosstämmchen werden in eine Richtung ausgelegt.

2 Dann wird das Moosbüschel mit der Schere in zwei handliche Stücke geteilt.

3 Jetzt erfolgt die Feinaufteilung in kleine Abschnitte von knapp Zentimeterlänge.

4 Mit einem Plastikstreifen werden die Abschnitte zusammengeschoben.

5 Diese Minipolster werden dicht an dicht auf einer Plastikgaze verteilt.

6 Durch Andrücken mit dem Plastikstreifen ergibt sich die nötige Schichtstärke.

7 Zu den Kopfseiten hin soll die Lage Moos möglichst bündig abschließen.

8 Nicht mehr benötigte Stämmchenabschnitte am fast fertigen Moospolster.

9 Im Idealfall ergibt sich eine schön gleichmäßige Dichte des Moosteppichs.

10 Im Inneren dieses Aufbaus sorgt eine Keramikfliese für das nötige Gewicht.

11 Die Plasikgaze darauf wurde mittels zweier Kautschukbänder fixiert.

12 Die Fliese wird mit einem Plastiknetz bedeckt und dann vorsichtig gedreht.

13 An der Unterseite schlägt man Netzstoff zunächst längs übereinander.

14 Die Querseiten kommen an die Reihe und alles wird mit Draht befestigt.

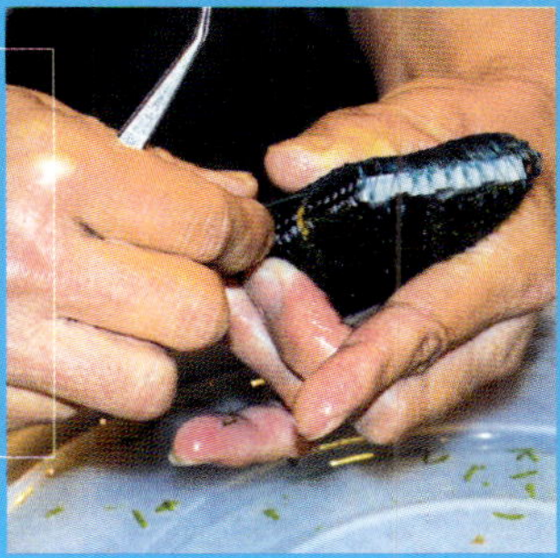

15 Das Rohprodukt ist so noch nicht verkaufsfähig und muss noch wachsen.

16 Fertiges Moospolster und nach drei bzw. sechs Wochen Wachstum.

Schritt für Schritt ...

1 Zunächst wird das Wurzelholz in bestmöglicher Weise positioniert.

2 Mit einer Pinzette werden vom *Riccardia*-Polster kleinste Stücke gelöst.

3 Meist wird das Moos auf den Wurzeln in verschiedenen Höhen platziert.

4 Der knifflige Teil ist die Fixierung der Moosflächen mit Plastikfaden.

5 Die Wurzel muss gedreht werden, um noch weitere Stellen zu begrünen.

6 Gerade bei den Lebermoosen ist die Befestigung der Moosteilchen ein Muss.

7 Die Kunststoffschnur muss einige Monate das Moos an der Wurzel halten.

8 Der Daumen hält das Moos, mit dem Faden werden Wurzel und Pflanze umwickelt.

9 Mit einer Pinzette ist die Zusammenfügung von Lebermoosteilen einfacher.

Tipp:

Egal ob Baumwoll-, Kunststoff- oder Naturdarmschnur: Der Faden sollte nie zu stark angezogen werden, da das Pflanzengewebe sonst nachhaltig beschädigt werden könnte.

16 Etwa sechs Wochen brauchen die Wurzelunikate, bis sie abgabereif sind.

Moose in Pflanzenaquarien

Während manche Aquarianer Moose eher aus praktischen Erwägungen einsetzen, zum Beispiel als Laichmedium für Haftlaicher, wie man sie unter den Eierlegenden Zahnkarpfen häufig findet, oder als Unterschlupf für den Nachwuchs von Fischen, Garnelen und Zwergflusskrebsen, haben sie in der Mehrzahl der Fälle mehr schmückenden Charakter. Je nach Art und Beschaffenheit lassen sich die Moose in unterschiedlicher Weise gebrauchen.

Neben der Verwendung von Moosen als Schwimmpflanzen (zum Beispiel *Riccia*) werden oft einfach lockere Moospolster in das Aquarium gegeben, die durch Strömung und die Beckeninsassen dann manchmal an Stellen gelangen, wo man sie eigentlich nicht haben wollte. Oft herrschen hier Bedingungen vor (Mulmschicht, schlechte Lichtverhältnisse), die den Moosen abträglich sind. Viele Klagen über den schlechten Wuchs von Moosen sind auf solche Situationen zurückzuführen, was aber gerade von Aquaristikanfängern nicht rechtzeitig erkannt wird.

Eine wesentliche Rolle kommt vielen Moosarten bei der Gestaltung des Aquariums zu, was sich zum Beispiel beim Aquascaping immer wieder sehr schön demonstrieren lässt. Während man hier die Moose eben-

Oben:
Dieses auf Moorkienholz aufgebundene Moos ist ein echter Blickfang.

falls lose in das Becken geben und eventuell einige Stämmchen zwischen der Dekoration einklemmen und so notdürftig fixieren kann, wird man es doch bei intensiverer Verwendung in den meisten Fällen nicht vermeiden können, den Moosen einen festen Platz zuzuweisen. So lassen sich diese (und selbstverständlich auch viele andere Aquarienpflanzen) auf verschiedensten Dekorationsmaterialien aufbinden und einige, was überwiegend von der Wuchsform bestimmt wird, als grüne Rück- oder Seitenwand nutzen.

Moose besitzen mehr oder weniger gut ausgebildete Rhizoide, das sind wurzelähnliche Pflanzenteile, mit denen sie auf allen nicht zu glatten Untergründen haften können. Allerdings dauert es oft Wochen, bis sie mit dem Substrat fest verwachsen sind. Bei einigen Arten wird das sogar nie der Fall sein, wie beispielsweise bei *Riccia fluitans*, das eigentlich eine reine Schwimmpflanze ist.

Nachfolgend einige Beispiele für Moose als Gestaltungselement. Bewusst haben wir etwas größere Aquarien ausgewählt, denn darin sind auch verschiedene Wuchsformen wesentlich besser zu vergleichen beziehungsweise die Gestaltungsmöglichkeiten sind vielfältiger.

Oben und unten: Gerade mit aufgebundenen Moosen lässt sich die Dreidimensionalität des Aquariums betonen.

Ein kleines Moosaquarium

Eine echte Unterwasserlandschaft – außschließlich mit Moosen.

Am Aquarium mit dem Titel „Mother Nature" lässt sich sehr schön verdeutlichen, wie sich Moose mit ganz unterschiedlichen Wuchsformen zu einem harmonischen Ganzen kombinieren lassen. Insbesondere als Aufsitzer werden die fünf Moosarten eingesetzt. Das Aquarium lebt nicht zuletzt von den unterschiedlichen Grüntönen seiner Bepflanzung, die mit dem grauen Gestein kontrastieren.

Interessant ist, dass dieses Aquarium filterlos und nur mit einer Strömungspumpe betrieben wird. Man muss allerdings sagen, dass der Besatz relativ dünn ist und deshalb bei wöchentlichen Wasserwechseln die Werte im grünen Bereich gehalten werden können.

Die erzielte Strömung bekommt gerade den Quellmoosen, die in unbewegtem Wasser gerne einmal schwächeln. Auffallend bei diesem Aquarium ist die ungewohnt starke Beleuchtung, die den verwendeten Pflanzen aber sichtbar gut bekommt.

Kurzdaten zum Aquarium „Mother Nature“

Layout:	Harald Schneider
Fertigstellung:	September 2008
Beckenmaße:	60 x 35 x 30 cm
Beleuchtung:	2 x 15 Watt T8, 9.000 und 7.500 Kelvin
Filterung:	nur Strömungspumpe
CO_2:	~20 mg/l, Druckgas
Temperatur:	24 °C
Wasserwechsel:	jede Woche 50 %
Düngung:	Aqua Rebell Mikro Basic, Aqua Rebell Makro Basic Estimative Index
Substrat:	Basalt-Kies
Dekoration:	Seiryu-Steine
Pflanzen:	*Fontinalis antipyretica* var. *gigantea*, *Fontinalis antipyretica* var. *hypnoides*, *Riccardia graeffei*, *Taxiphyllum* sp. „Flame Moss“, *Taxiphyllum* cf. *alternans* „Taiwan Moss“
Bewohner:	*Boraras maculatus* (Zwergbärbling), *Neocaridina heteropoda* var. Red (Red Fire Shrimp)

Ein mittelgroßes Moosaquarium

Das Aquarium mit dem Titel „Symphony in Moss" ist ein reines Moosbecken, in dem bewusst auf andere Pflanzen verzichtet wurde. Es zeigt besonders gut, wie sich verschiedenwüchsige Moose ideal ergänzen beziehungsweise kombinieren lassen, um beim Betrachter zum Beispiel auch den Eindruck von Tiefe entstehen zu lassen.

Neben Wasserwechsel, Fütterung und Düngung dürften die wichtigsten Pflegemaßnahmen das Zurückschneiden der Moospolster beinhalten. Schon beim ersten Aufkommen eines Algenbefalls müssen in einem solchen Aquarium Gegenmaßnahmen getroffen werden. Als biologische Bekämpfungsmaßnahme bietet sich beispielsweise der Einsatz von Amano-Garnelen, *Caridina multidentata*, und Rennschnecken, *Neritina pulligera*, an, bei denen Algen auf dem Speiseplan stehen.

Mit lediglich fünf Moosarten wurde dieses Aquarium begrünt.

Kurzdaten zum Aquarium „Symphony in Moss"

Layout:	Harald Schneider
Fertigstellung:	Juni 2008
Beckenmaße:	90 x 60 x 40 cm
Beleuchtung:	2 x 70 W HQI/6.000 Kelvin (Tageslicht)
Filterung:	nur Strömungspumpe
CO_2:	~20 mg/l, Druckgas
Temperatur.:	24 °C
Wasserwechsel:	wöchentlich 50 %
Düngung:	Aqua Rebell Mikro Basic, Aqua Rebell Makro Basic Estimative Index
Substrat:	Basalt Kies
Dekoration:	gelbe Moroni-Steine
Pflanzen (Moose):	*Fissidens fontanus; Riccardia graeffei; Riccardia chamaedryfolia; Taxiphyllum* sp. „Flame Moss", *Taxiphyllum* cf. *alternans* „Taiwan Moss"
Bewohner:	*Hyphessobrycon amandae* (Feuersalmler), *Neocaridina heteropoda* var. red (Red Fire Shrimp)

78

Eine besonders wirkungsvolle Kombination ist die Verwendung von Moosen und Wurzelholz. Am besten eignen sich fein verzweigte Wurzelstücke, bei den Moosen solche Formen mit hängendem Wuchs. Lassen Sie sich von den Beispielaquarien inspirieren.

Auch die Kombination mit kleinen Steinen oder Felsstücken ist sehr beliebt. Man sollte die Moose so aufbinden, dass sie sich zusammen mit der Unterlage auch problemlos umdekorieren oder bei einer Grundreinigung bequem aus dem Aquarium nehmen lassen.

links und unten: Vielen Moosarten ist es gleich, ob das Aquarium schwach oder stark beleuchtet wird.

Pflege von Moosen im Aquarium

Beleuchtung

Wie bereits im Kapitel über die natürlichen Standorte besprochen, findet man viele Moosarten an halbschattigen bis schattigen Standorten. Davon sollte man aber keinesfalls ableiten, dass sie helles Licht (beziehungsweise direktes Sonnenlicht) nicht vertragen. Allgemein ist an solchen Standorten nur der Konkurrenzdruck durch andere Pflanzen höher, auch können dort schnellwüchsige Algen zu einem echten Problem für unsere Moose werden.

Für das Aquarium kann man zwischen verschiedenen Beleuchtungsstärken und Lichtspektren wählen. Sicher ist auch der Zusammenhang von Aquariengröße (-höhe, -tiefe) und verwendeten Leuchtmitteln nicht zu vernachlässigen. Trotzdem lassen sich aus der Erfahrung einige grundsätzliche Aussagen ableiten.

Die heute vielfach als Komplettset angebotenen Kleinaquarien besitzen meist bereits eine Beleuchtung. In der Regel kommen kleine Leuchtstoffröhren zum Einsatz, die bei niedrigem Verbrauch eine Farbtemperatur zwischen 5.500 und 6.000 Kelvin zur Verfügung stellen und vom Spektrum her dem Tages-

Originell: Ein mit Moos nachgebildetes Bäumchen.

licht nahe kommen. In der Regel dürfte dieses Leuchtmittel für die sogenannten Nano-Aquarien von 10 bis 30 l Bruttovolumen vollkommen ausreichend sein, wenn das Hauptaugenmerk auf dem Moos und begleitenden Tieren liegt.

Für die Verwendung von Leuchtstoffröhren in mittelgroßen bis großen Aquarien gibt es von der Menge her nur eine physikalische Begrenzung: Wie viele Leuchtbalken passen auf das Aquarium? Allerdings entscheidet die Aquarienhöhe, ob dieses Leuchtmittel überhaupt Sinn macht. Moose, die am Aquarienboden platziert sind, können mit den modernen Leuchtstoffröhren bei ungefähr 60 cm Wassersäule noch ausreichend mit Licht versorgt werden, wenn das Wasser nicht durch Humin- oder Trübstoffe zu eingefärbt ist. Bei größeren Aquarienhöhen sollte man auf jeden Fall über die Anschaffung von HQL- oder HQI-Lampen nachdenken.

Wie bereits erwähnt, macht es Sinn, Tageslichtröhren (Lichtfarbe 11) für Moose und andere Pflanzen zu nutzen. Die Betonung anderer Farben mit Spezialröhren ist nicht unbedingt vorteilhaft. So lässt ein stärker betonter Rotanteil zwar die Farben von Wirbellosen und Fischen kräftiger hervortreten, er fördert aber gleichzeitig das Längenwachstum („Schießen") der Moosstämmchen und leider auch das der unerwünschten Algen.

Oft berichten Aquarianer nach dem Einsatz neuer Leuchtmittel ebenfalls von einem verstärkten Algenwachstum. Zwar ist das Licht tatsächlich nicht ganz unbeteiligt,

CO_2-Anlagen und passende Beleuchtung gibt es selbst für Nano-Aquarien.

Mit den modernen Leuchtmitteln lässt sich jedes Aquarium bestens ausleuchten.

weitaus häufiger kommt es unter den neuen Bedingungen aber zu diesem fast schon explosiven Auftreten, weil die Wasserqualität durch hohe Belastungen ebenfalls stark beeinträchtigt ist. Man sollte also, wenn die Beleuchtung verändert wird, sich auch gleichzeitig die Mühe machen und durch einen großen Wasserwechsel die Bedingungen im Aquarium verbessern.

Für extreme Aquarienhöhen oder Pflanzenaquarien in größeren Dimensionen wird man wohl eher die

Abdeckung für Leuchtstoffröhren.

energiehungrigen HQL- (Quecksilberdampflampen) oder HQI-Leuchtsysteme benutzen. Man hat bei diesen Leuchtmitteln eine wesentlich kleinere Auswahl an Lichtfarben, besonders weil viele HQI-Lampen speziell für den Meerwasserbereich konzipiert sind, bei dem andere Werte im Vordergrund stehen. Gerade deshalb sollte man sich vor der Neuanschaffung einer Aquarienbeleuchtung immer darüber klar sein, was die Ansprüche an das Leuchtmittel sind, und sich dann ausreichend darüber informieren, welche Lösungen der Markt bietet.

Grundsätzlich: Ein durch Beleuchtung optimiertes Mooswachstum kann auch im Aquarium vorhandene Algen im Wachstum stimulieren. Hier muss man durch Pflegemaßnahmen wie Wasserwechsel (Reduzierung von im Wasser gelösten Nährstoffen) Abhilfe schaffen. Eine Reduzierung der Beleuchtungsdauer auf täglich weniger als zehn Stunden mag zwar bei einigen Algen das Wachstum eindämmen, ob dann aber nicht andere aufkommen, sei einmal dahingestellt. Schließlich können einige Moosarten unter einer zu kurzen Beleuchtungs-

von oben
Sie mögen Algen: *Septaria Lineata, Caridina multidentata* und *Neritina pulligera.*

dauer bereits mittelfristig leiden. Daher sollte man im Allgemeinen versuchen, einen zwölfstündigen Rhythmus zwischen Tag und Nacht einzuhalten.

Düngung

Meist sind Moose sehr anspruchslose Pflanzen, die sich oft mit Nährstoffen in minimalen Dosen zufrieden geben. Von terrestrischen Arten ist es sogar bekannt, dass sie Giftstoffe aus der Atmosphäre aufnehmen und zumindest zum Teil verwerten.

Wer Moose im normalen Gesellschaftsaquarium oder in einem gemischten Pflanzenaquarium einsetzt, muss sich um die gesonderte Nährstoffversorgung seiner Moosarten kaum Gedanken machen. Selbst bei schnellwüchsigen Stängelpflanzen als Begleiter sollten die Moose noch ausreichend Nährstoffe vorfinden – und wer (zunächst) an seinen anderen Pflan-

Auch als Aufsitzer ohne Verbindung zum Bodensubstrat haben Moose keine Wuchsprobleme.

zen ein mangelhaftes Wachstum beziehungsweise eine Verfärbung der Blätter feststellt, die auf einen akuten Mangel hindeuten, der wird mit den dann anstehenden Pflanzendüngergaben auch seine Moospflanzen mitversorgen.

Wird ein reines Moosaquarium betrieben, dann sollte man sich über die speziellen Bedürfnisse der darin kultivierten Arten informieren. Oft sind sie bereits durch im Wasser gelöste Stoffe ausreichend versorgt, doch kann es durchaus sein, dass ihr Wachstum sich als Resultat von optimaler Beleuchtung und CO_2-Versorgung am Maximum bewegt und dann doch etwas fehlt, und seien es nur Spurenelemente. Hier ist der Aquarianer dann angehalten, diesen Mangel mit Düngergaben abzustellen. Der Fachhandel hält dafür ein ganzes Sortiment an Düngemitteln bereit. Man sollte ausprobieren, welches für die Moose das richtige ist.

oben:
CO_2 kann auf verschiedene Weise ins Wasser eingebracht werden.

Wichtig ist immer eine Normal- oder leichte Unterdosierung. Zu viele Nährstoffe helfen nicht den Moosen, sondern unter Umständen den Algen, die genau man ja meist nicht im Aquarium haben möchte.

CO_2-Düngung

Grundsätzlich ist die Anschaffung einer CO_2-Anlage, mit der den Wasserpflanzen tagsüber eine optimale CO_2-Versorgung garantiert wird, für Moose nicht nötig. Im direkten Vergleich zweier Aquarien (Sets, bis auf die CO_2-Anlage identischer Aufbau und Einrichtung) zeigt sich aber, dass das Wachstum in Wasser mit CO_2-Zusatz noch etwas zügiger ist, wenn Beleuchtung und sonstige Nährstoffversorgung sonst bereits auf die Vegetation abgestimmt sind.

Vor der Anschaffung einer entsprechenden Anlage (ob nun nach dem Hefegärungsprinzip oder aus der Druckflasche betrieben) sollte zunächst erst einmal mehrmals über den Tag verteilt der CO_2-Gehalt des Wassers mit einem Tropfentest bestimmt werden. Nur wenn er länger unter 10 mg/l liegt, macht der Betrieb einer solchen Anlage wirklich Sinn. Diese Aussage bezieht sich

aber grundsätzlich nur auf ein reines Moosaquarium. Werden andere, CO_2-hungrige Pflanzen mit gepflegt, ist die Anschaffung unter Umständen bereits bei Werten knapp unter 20 mg/l sinnvoll.

Ein gewünschter Nebeneffekt beim Einsatz einer CO_2-Anlage ist die Feineinstellung des pH-Werts (pH-Senkung). Allerdings beeinflusst man den pH-Wert bei hohen Kalziumhydrogenkarbonatwerten zunächst besser mit Osmosewasser, vollentsalztem Wasser oder Torf. Hohe CO_2-Gaben könnten sonst zu Schädigungen der tierischen Organismen im Aquarium führen, die sicher vermieden werden sollen.

unten:
Auch in diesem Moosaquarium wird zusätzlich mit CO_2 gearbeitet.

Algen

Gehen wir es einmal anders herum an: In unseren Aquarien, in denen wir überwiegend Moose in Verbindung mit Wirbellosen pflegen, treten die meisten aus dem Süßwasser bekannten Algenformen zumindest gelegentlich auf. Überwiegend sind es Grünalgen in verschiedenen Wuchsformen, wie zum Beispiel grünbraune Beläge an Aquariumscheiben, Blättern und anderen glatten Flächen sowie Fadenalgen.

Gerade in neu eingerichteten Aquarien können sie sich fast exponentiell vermehren, was für die unter gleichen Bedingungen lebenden Moose schlimmstenfalls in einer Verdrängung (durch Überwucherung) endet. Leider ist es so, dass die Algen gegenüber unseren Moosen allein schon vom Wachstum her enorm im Vorteil sind. Gerade wenn beispielsweise Fadenalgen ein Moospolster bereits komplett durchwuchert haben, ist es praktisch schon zu spät, um Gegenmaßnahmen zu ergreifen.

Der Handel bietet verschiedene Mittel, um Algen auf chemischem

Weg zu bekämpfen. Bei den meisten ist es fraglich, ob sich der Erfolg dauerhaft einstellt. Meist ist es daher sinnvoller, dem Grund für das Algenwachstum nachzugehen: Häufig ist es ein stark belastetes, nährstoffreiches Wasser, das den ungebetenen Gästen gute Bedingungen bietet.

Mancher Aquarianer bekommt bereits mit geringeren Futtergaben, häufigerem Wasserwechsel und vorübergehendem Verzicht auf Pflanzendünger die Sache in den Griff, Pauschallösungen gibt es aber leider nicht. Bliebe da noch der Griff zur biologischen Bekämpfung: Auf der Moosfarm in Japan, die in Gewächshäusern betrieben wird, waren Algen anscheinend kein Problem und auch in meiner Aquarienanlage verfahre ich bei Moospolstern mit Fadenalgenbefall nach dem gleichen Rezept: Das Moospolster wird in ein Aquarium mit einer hohen Besatzdichte an *Caridina multidentata* (Amano-Garnele, Japanische Bergbach-Garnele) gelegt, und bereits drei bis vier Tage später sind die Algen rückstandslos beseitigt – sie wurden gefressen.

Es ist auch ein prophylaktischer Einsatz der Garnelen möglich. Sie sind allerdings Allesfresser, die bei Hunger durchaus Zwerggarnelenbestände dezimieren können. Eine andauernde Vergesellschaftung mit klein bleibenden Garnelen klappt also nicht.

Für die grünen bis braunen Beläge auf Aquarienscheiben und sonstigen Einrichtungsgegenständen einschließlich der Pflanzen sind bei uns verschiedene Schneckenarten aus der Familie Neritidae zuständig. Mit zu den besten Scheibenputzern gehört dabei für mich *Septaria lineata*, eine Muschelschnecke, die aber nur ungern kleinblättrige Pflanzen abweidet. Wo es nötig ist, setzen wir dafür *Neritina pulligera*, die Gemeine Rennschnecke ein, die ihren Weg auch in zerklüftetem Gelände findet.

Auch wenn Sie andere Schneckenarten, etwa aus der Verwandtschaft der Apfel- oder Riesenturmdeckelschnecken beim Abweiden der Aquarienscheibe beobachten konnten, Vorsicht beim Einsatz im Moosaquarium. Für solche Tiere stellen manche Moose, zum Beispiel das Korallenmoos, eine echte Delikatesse dar, und dann wird schon einmal spontan von Algen- auf Moosnahrung umgestellt. Das will wohl jeder vermeiden.

links und rechts: Moospolster, die von unterschiedlichen Algen befallen sind.

Glossar

amphibisch – submers bis emers vorkommend

Antheridien – Spermatozoiden bildende Geschlechtsorgane

Apophyse – Hals der Laubmooskapsel

autodiploid – „doppelter" haploider Chromosomensatz

Aquascaping – Aquariumgestaltung

Bryologe – Moos-Botaniker

Bryophyta – die Abteilung Eigentliche Moose

fungizid – pilzhemmend

Gametophyt – die grüne Moospflanze

Kalyptra – Laubmooskapsel

Kelvin (k) – Einheit der Farbtemperatur

Kolumella – Säulchen in der Kapselmitte

Ölkörper – Zelleinschlüsse aus Terpenen

prophylaktisch – vorbeugend

Prothallium – Vorkeim der Farne

Protonema – Vorkeim, aus dem die Moospflanze entsteht

Rhizoide – wurzelähnliche Auswüchse der Stämmchen

Seta – Kapselstiel

Sporophyt – Sporen ausbildende Generation der Moospflanze

submers – untergetaucht, unter Wasser

Thallus – nicht in Stamm und Blätter gegliederter Mooskörper

vegetativ – ungeschlechtlich